我发现了奥秘

世界上最最神秘的 UFO

[韩]李浩先◎编著

吉林出版集团股份有限公司

图书在版编目(CIP)数据

世界上最最神秘的UFO/(韩)李浩先编著.—长春:
吉林出版集团股份有限公司,2012.1(2021.6重印)
　(我发现了奥秘)
ISBN 978-7-5463-8095-7

Ⅰ.①世… Ⅱ.①李… Ⅲ.①飞碟-儿童读物
Ⅳ.①V11-49

中国版本图书馆CIP数据核字(2011)第264202号

我发现了奥秘
世界上最最神秘的UFO
SHIJIE SHANG ZUI ZUI SHENMI DE UFO

出版策划:孙　昶

项目统筹:于姝姝

责任编辑:于姝姝

出　　版:吉林出版集团股份有限公司(www.jlpg.cn)
　　　　　(长春市福祉大路5788号,邮政编码:130118)

发　　行:吉林出版集团译文图书经营有限公司　(http://shop34896900.taobao.com)

总 编 办:0431-81629909

营 销 部:0431-81629880/81629881

印　　刷:三河市燕春印务有限公司(电话:15350686777)

开　　本:889mm×1194mm　1/16

印　　张:9

版　　次:2012年1月第1版

印　　次:2021年6月第7次印刷

定　　价:38.00元

印装错误请与承印厂联系

写在前面

　　孩子的脑海里总是会涌现出各种奇怪的想法——为什么雨后会出现彩虹？太阳为什么东升西落？细菌是什么样的？恐龙怎么生活啊？为什么叫海市蜃楼呢？金字塔是金子做成的吗？灯是什么时候发明的？人进入太空为什么飘来飘去不落地呢？……他们对各种事物都充满了好奇，似乎想找到每一种现象产生的原因，有时候父母也会被问得哑口无言，满面愁容，感到力不从心。别急，《我发现了奥秘》这套丛书有孩子最想知道的无数个为什么、最想了解的现象、最感兴趣的话题。孩子自己就可以轻轻松松地阅读并学到知识，解答所有问题。

　　《我发现了奥秘》是一套涵盖宇宙、人体、生物、物理、数学、化学、地理、太空、海洋等各个知识领域的书系，绝对是一场空前的科普盛宴。它通过浅显易懂的语言，搞笑、幽默、夸张的漫画，突破常规的知识点，给孩子提供了一个广阔的阅读空间和想象空间。丛书中的精彩内容不仅能培养孩子的阅读兴趣，还能激发他们发现新事物的能力，读罢大呼"原来如此"，竖起大拇哥啧啧称奇！相信这套丛书一定会让孩子喜欢、令父母满意。

　　还在等什么？让我们现在就出发，一起去发现科学的奥秘！

目录

UFO之谜，难坏了科学家！

UFO是英文unidentified flying object 的缩写，中文译为"不明飞行物"，也称幽浮或飞碟，是指不明来历、不明结构、不明空间、不明性质，但又飘浮、飞行在空中的物体。有人认为它是来自其他行星的太空船，还有人认为UFO属于自然现象。那它究竟是什么呢？人们是如何发现的呢？让我们去看看吧！

飞碟的首次出现

　　1878年1月，美国得克萨斯州的一位农民J.马丁看到空中会发光的圆形物体飞过，外形像圆形的盘子，引来了美国150家媒体的争相报道。

　　从此以后，各地的目击报告接连出现，有的说这个物体呈圆盘状，有的说呈球状和雪茄状，还有的说呈棍棒状、纺锤状等。

　　1947年6月，美国爱达荷州的一

个企业家阿诺德驾驶私人飞机，途经华盛顿的雷尼尔山附近时，前方突然出现了一道强光。为了探明真相，他又驾飞机在空中转了一个弯，看到9个不明飞行物，连成一片，跳跃前进，看起来像从水中飞过的盘子，"飞碟"就由此而得名。

这又一次引起了世界性的飞碟热，各种有关发现飞碟的报道纷至沓来，各国政府也开始组织科学家调查真相。

但是，直到现在相关的科学家也没有查出那些不明飞行物的真相，呵呵，这可真难坏了科学家。

人类最早的飞碟记录

小朋友，你知道吗？在约3 400多年前，人类就曾经遇到过不明飞行物！当时的一些书籍中就记载了有关不明飞行物的资料。在梵蒂冈博物馆中，人们发现了一张古老的埃及莎草纸。上面记录了公元前1500年的埃及法老图特摩西斯三世与他的臣民目击UFO群出现的场面：

一年冬季，天空中莫名飞过一道火环，无头，能喷出恶臭气味。火环长一杆，宽一杆，在飞行时无声音。目击者惊慌失措，就向法老报告此事。

数日后，天上又出现更多的此类物体，火环发出的光芒遮天蔽日。法老目击了这一场面，就焚香祷告，祈求平安，并下令将此事记录下来，以传后世。

9

真的有飞碟存在吗？

从古到今有如此多的飞碟记载和飞碟事件，也引发了人们的种种猜测。许多人认为，飞碟就是外星人乘坐的飞船降临地球，还有人认为世间根本没有飞碟的存在，是人们看走眼了而已。那世界上究竟有没有飞碟存在呢？它们真的是从外星球飞来的吗？飞碟真的如目击者所描述的那样吗？

全世界许多国家与相关组织都展开了对这一神秘现象的研究，基本上得出了以下几种观点：

一、它们是地外文明的产物。有很多人认为UFO是外星人制造的航行工具。

二、它是某种人类未知的天文或大

气现象，比如地震光、地震云、极光、幻日、幻月、爱尔摩火、海市蜃楼等。

三、是人们对一些人造器械的误认。比如人造卫星、运载火箭、飞机、降落伞等。

四、是人们的心理现象。有人认为UFO可能纯属于心理现象，它与人们的精神心理经历交错在一起，在大脑未被探知的领域中产生的一种现象。

UFO究竟是什么，目前人们还无法做出解释。但是，根据全世界诸多目击者的描述，飞碟并非都是碟形，它们的形状是变化多样的，可方可圆，可长可短，可大可小，千奇百状，变幻莫测，非常奇妙，这应该就与外星人有关系吧！但具体是否有关系，至今还没有人能够解释清楚。

中国也有飞碟吗？

中国人看到过神秘飞碟吗？当然了。其实，在中国古代的一些典籍中，就有许多有关飞碟的记载。

明代的郑仲夔在其作品《耳新》中记载："万历戊午夏间，日正中，忽有物，沉香色，圆滚如球，从树梢乘风跃起，堕前池中，池水为沸。"谁也说不清这是什么，但与现在人们所说的飞碟极为相似。

宋代苏东坡在往杭州赴任途中，曾经夜游镇江的金山寺。当时忽然从江中亮起一团火来，这让苏东坡感到迷惑，他就将此情景记载了下来："江心似有炬火明，飞焰照山栖鸟惊。"

同样，在中国的《明史》中，也有一段关于飞碟的记载。1603年9月的一天，在天空的东南方向出现了一个大小、形状像碗状的不明物体。

另外，早在三四千年前，中国的古籍中就有关于"飞车"的传说，随后又有"赤龙"、"车轮"、"瓮"、"盂"等酷似现代的目击者所描述的飞碟。

在近代，也有人发现过飞碟。那是在1991年的一天晚上，一位上夜班的南京市民突然发现，在高度约为10千米的空中有一个棒状的不明飞行物，长度可达两三千米，外形是椭圆形的柱子，在空中足足飞行了有3小时51分钟。

趣味问答

飞碟真与"地外文明"有关吗？

飞碟究竟是从哪里来的呢？许多飞碟爱好者都猜测：它应该是宇宙中的文明世界向我们派来的使者。在2005年的9月8日，有关学者观看了在中国新疆上空出现的不明飞行物的录像，他们对录像进行了仔细地分析研究，认为不应该排除飞碟与地外的智慧生命有关的可能。

外星人到底在哪儿呢?

"飞碟热"引发了人们对外星人的讨论,但是茫茫宇宙,真的有外星人存在吗?许多科学家对此都持肯定的态度!可外星人究竟生活在哪里呢?人类唯一能做的就是到宇宙中去寻找。但是将人类送到宇宙中是不大可能的。那该怎么办呢?宇宙中真的有其他的星球有生命存在吗?让我们赶快去探寻一番吧!

外星人真的存在吗?

关于外星人的报道时常见诸报端，很多人声称自己见过外星人。据这些人描述，他们所见到的外星人大多都是一些个子矮小，脑袋圆大、嘴巴像裂缝一般窄长，而且身穿紧身服的与人类相似的生物。他们描述的是真的吗? 外星人真的存在吗?

一些热衷于探寻外星人踪迹的人认为，撒哈拉沙漠壁画上所刻的人物圆形面具、复活节岛以及金字塔等等人类无法解释的奇迹都与外星人有关。还有一些学者提出了人类就是外星人的后裔，以及无缘无故消失的玛雅人就是外星人与地球人交配的后裔等观点。

另外，在2011年的4月初，美国联邦调查局披露了一段奇特的备忘录，说在1950年之前，就曾经有外星人登陆过新墨西哥州。

但是，以上这些仅仅是人类的猜测，仍然缺乏足够的证据。

人类对外星人的探寻之旅

为了搜寻有关外星人的信息，许多科学家付诸了积极的行动。随着人类科技的不断进步，科学家们确信，除了地球上有人类生存之外，太阳系其他的星球上是没有高等生物存在的。要寻找外星人，就必须要到太阳系之外去。从此，人类就开始了探寻外星人之旅。

在1972年，美国发射了"先驱者10号"飞船，它的重要任务就是去寻找外星人。但是茫茫宇宙，如何才能找到外星人呢？

科学工作者专门给外星人写了一封特殊的书信。这封书信用一块金属标记的铝板制成，上面刻画着一男一女，代表着我们人类。上面还刻画着太阳系九大行星的标志。另外，还刻画了"先驱者10号"飞船的外形、运行轨迹等。这块铝板能够在太空中存在几十亿年呢，人们希望外星人能看到它。

到1977年，美国"旅行者1号"又给太阳系以外的星球带去了更多的信息，包括一部结实的唱片与一张镀金的唱片。唱片上收录了几十种人类的语言和多首音乐作品，其中也有中国的古曲呢，人们热切地希望外星人能够收到它。

　　为了进一步和外星人取得联系，科学家们还特地制造了极为庞大复杂的信息设备系统，试图向外星人发射信息或者能够接收来自外星的信息。虽然付出了许多努力，但仍无所获。毕竟关于外星人的事情只是人们的传说，难以得到证实。

漫长的等待！

　　尽管人们不断地向太空发射信息，希望外星人能够收到它，但是，要收到外星人的回音是需要漫长的等待的。人类的一些先进的探测器飞出太阳系，要驶向离地球最近的星球也至少需要8万年。当然了，如果真有外星人的存在，他们要把信息反馈给地球至少需要几十万年的时间呢！这是一个多么漫长的时期哟！

　　于是，科学家又想到了用射电望远镜去搜寻，希望能够尽快地捕捉到外星人的信息。

　　在20世纪60年代，美国的一位天文学家使用射电望远镜，找到了太阳系以外的两颗恒星，希望能够找到一些天外之音。但是，地球距这两颗恒星的距离实在太遥远了，如果真有外星人存在，他们接到信息，再将信息反馈给地球，也至少需要七八十年时间呢！

外星人到底存在吗？目前，人类也只是在尽力地搜寻，还没有一个确切的结论。

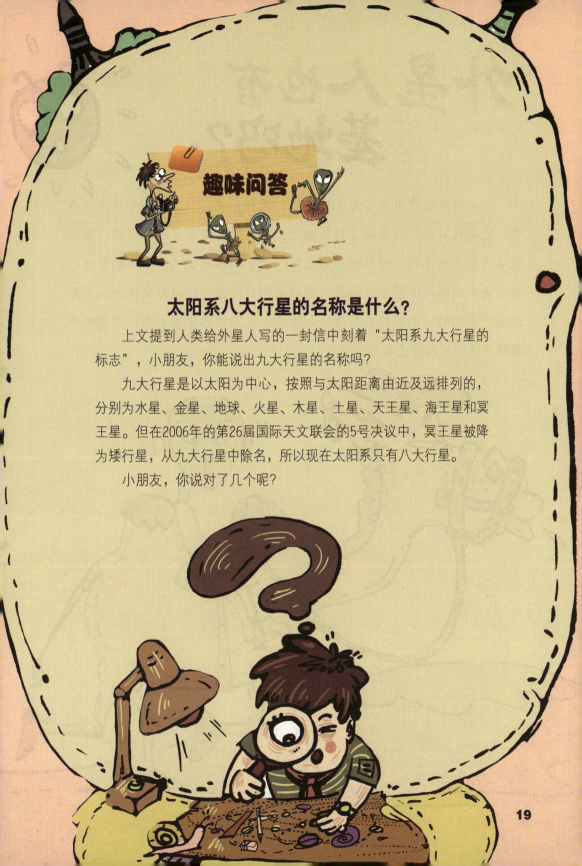

趣味问答

太阳系八大行星的名称是什么？

上文提到人类给外星人写的一封信中刻着"太阳系九大行星的标志"，小朋友，你能说出九大行星的名称吗？

九大行星是以太阳为中心，按照与太阳距离由近及远排列的，分别为水星、金星、地球、火星、木星、土星、天王星、海王星和冥王星。但在2006年的第26届国际天文联会的5号决议中，冥王星被降为矮行星，从九大行星中除名，所以现在太阳系只有八大行星。

小朋友，你说对了几个呢？

外星人也有基地吗？

　　人类将地球作为自己的生存基地，同样，宇宙中如果有外星人的存在，也应该有自己的基地才对！对此，有关飞碟专家曾作过研究。法国著名飞碟专家亨利·迪朗明确指出："大量的事实说明，中国的戈壁沙漠和天山山脉人迹罕至，都是飞碟降落的好地方。可以肯定地说，戈壁滩是外星人的一个理想的基地。"但是，在茫茫的宇宙之中，究竟哪个星球才是外星人的生存基地呢？

火星有可能是外星人的基地吗?

很多年来，人们都认为外星人来自火星，当然，这也是有一定的根据的。

在当时，人类通过研究发现，火星上曾经有与地球极为相似的自然环境，而且还存在有生命。后来，火星的环境逐渐地恶化，火星上的生命也就随之灭绝或者到其他星球去找寻生存空间了，所以人们认为，火星曾经就是外星人的生存基地。可是，火星上真的存在过高级的智能生命吗?

在16世纪，有人用望远镜观测火星，在上面发现了许多互相交错的网纹，曾经一度认为那就是火星上的生命开凿的"运河"。

另外，据当时的专家考察，火星上有很多水，还有季节变化，照此理推断，火星上应该有生物才对。但在只有望远镜的时代，人们也只能开动自己的想象力猜测一下而已，它仍旧是一个谜。

直到20世纪60年代，人类的探测飞船到达了火星，终于解开了这个一直困扰人类的大谜团：火星上的温度要比地球上的温度低得多，表面到处是泥土石块，经常狂风大作，飞沙走石。上面根本没有任何生物，更没有人们所猜测的火星人。

但是，在火星周围曾出现过飞碟却是事实，这是否能说明在地球上出现的飞碟就来自火星呢？人们目前还无法证实。但可以说明，外星人有可能已经把火星作为它们生存基地的考察对象了。

外星人基地有可能在金星上吗？

金星是离地球最近的一颗行星，所

以，相对火星来说，人类更容易登上金星。其实，早在18世纪，俄国的一位科学家在观测金星时，发现金星周围有浓密的大气和云层，于是认为那里应该有类似地球生命的存在。

随着人类科技的发展，直到1975年，苏联发射的"金星9号"探测器拍摄了一系列关于金星的图片，其中有一张照片上有个"人面雕像"，规模宏大，直径达到了1000米。当时人们就怀疑这可能是金星人所为。难道金星上真的存在生命吗？

一直到现代，人们才认识到，金星上虽然有大气，但都是二氧化碳，所以它的地表有强烈的温室

效应。金星上面的大气压是地球的90倍，面对如此大的气压，生命很难生存下去。更重要的是金星上没有水，空气中也没有水分的存在。它上面的云层都是硫酸，而且风沙极大。如此恶劣的自然环境，生命存在的概率很小。

即便外星人真的到过金星，也不大可能会在那样恶劣的环境中生存下去，至于金星上的那座"雕像"，很可能只是一种自然现象。

木星基地探寻之谜

除了火星和金星，最有可能存在外星人的星球就属木星了。因为木星的主要成分是氢气体。更为重要的是，它能够有规律地向太空发射无线电脉冲信号，其中，有些脉冲的强度可以同太阳发射的电波相比。所以，人们怀疑，它上面应该有生命体的存在。

但是，后来人们又证实，木星表面的温差极大，最低可达零下一百多摄氏度，最高温度可达五千多摄氏度。这样的环境，生命是不大可能存在的。

但这只是人们的推测，还需要进一步的科学证实才能得出结论。

地球有可能是外星人的基地吗？

火星、金星、木星因为其恶劣的环境条件，不大可能有外星人的存在，那么，地球有可能会成为外星人生存的基地吗？

当然是有可能的，因为地球最适合生命的生存和繁衍了。但是，如今的地球，人类如此密集，外星人要找到自己的藏身之地，可不大容易哟！但是，这也并不是不可能的。

趣味问答

外星人究竟长什么样儿?

我们在很多影视剧中都了解过有关外星人入侵地球的故事，那里面的外星人都有圆形的大脑袋，细细的长脖子，嘴巴大，鼻子大，而且还满脸的皱纹……看起来非常吓人。但是小朋友，外星人真是那样的长相吗? 就让我们去看一下吧!

你知道外星人分为几种类型吗?

人类虽然有共同的祖先，但是由于生存环境的不同，体格、相貌方面也是存在差异的，像黄种人与黑种人长得就不相同。与人类一样，外星人也是分"人种"的。不同"人种"的外星人长相也是不同的。

根据许多目击者报告统计，外星人主要分为四类，分别为：矮人型、蒙古人型、飞翼型的巨爪型。那他们分别都长什么样呢?

宇宙中的侏儒

只听"矮人型外星人"的名称，就知道他们一定长得很矮小了。矮小到什么程度呢？他们中最高的可能只有1.35米！所以，他们被称为"宇宙中的侏儒"。

因为身材比较矮小，所以头部就显得特别大。他们的前额是又高又凸的，没有耳朵、鼻梁、牙齿和头发。我们可以想象一下，这样的相貌有多吓人！

更为可怕的是，他们有两只长长的手臂，而且圆大的双目向外凸出，没有神情。鼻子长在面孔中间的两道缝中，下巴又尖又小，却有宽而壮的双肩。

据说，他们一般都穿金属制成的连体服，或者是潜水服。

从当前的资料来看，这类矮人型的外星人出没最频繁。有关学者推测，他们可能是外星人中长相最为标准的！

蒙古人型外星人和蒙古人长得一样吗？

单看名字"蒙古人型外星人"，就觉得他们一定和蒙古人长得很像。事实果真如此吗？你猜对了。

与矮人型外星人相比，蒙古人型外星人身材稍高一些，他们的身高范围在1.20米至1.80米之间，与地球人的身高很接近！

不仅如此，他们各部位的相貌与今天的蒙古人极为接近。据一位目

击者称，他见到了一群神秘的外星来客，他们都戴着透明的、柔软的头盔。外貌很像蒙古人、高高的颧骨、浓浓的眉毛，双眼成栗色，像蒙古人的眼睛。从专家收集到的资料来看，这种类型的外星人似乎也比较多。

能飞翔的外星人

"飞翼型外星人"顾名思义，就是指长着飞翼的外星人，能够飞翔。据目击者介绍，他们不仅能够腾飞，还身穿紧身连体服、头戴发磷光的头盔。而且他们的动作极为灵活，目击者曾经用枪射击过他们，但却没有打中。

长着巨大爪子的外星人

"巨爪型外星人"最大的特点就是手是巨型的大爪子。根据诸多目击者的介绍，这类外星人的身高差别很大，最矮的只有约0.6米，最高的约2.10米，他们都不穿衣服，有很长的手臂。但是却有一双像爪子一样的大手，而且手有蹼。他们总体看上去十分凶狠，对人类都怀有敌意。

趣味问答

外星人为什么长得那么奇怪呢？

原来，因为外星人都可能生活在地球之外的星球上，受他们所在的星球的引力场、磁场、重力场与温度等因素的影响，所以才会和地球人长得不一样！

外星人也分男女吗?

　　我们人类之所以有了男女之分,才能够世世代代地繁衍下去。那么,外星人是不是也有男女之分,并以此来延续后代呢?有人认为是,而有人认为不是,究竟是不是呢?让我们一起去探究一下吧!

外星人男婴光临地球

在1983年7月一天的晚上，在苏联中亚地区的索斯诺夫卡村发生了一件神秘的事情，那就是一个外星人男婴光临地球了。

那一天晚上，天边突然出现了一片火光，极为耀眼，将全村都照亮了。过了几秒钟，空中就传出来几声爆炸声，巨大的声音惊动了方圆20千米的村民。

当地的一个牧羊人说看到一个圆形的飞行物，直径约为30米，外形很像飞碟。一会儿，在村庄中部的一片空地上出现了一堆冒着烟火的残骸。

苏军接到消息后立即赶到现场，从一个椭圆形金属物中发现了一个男婴，长得很像地球人，但是呼吸缓慢，像是熟睡的样子。这让所有在场的人大为吃惊。

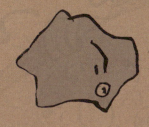

为了弄清楚神秘男婴的来历，相关负责人将他送往当地一所著名医院的研究中心进行检查。

外星人男婴和人类有哪些区别？

外星人男婴怎么会突然光临地球呢？一些专家推测说："这可能是外星人在地球上空航行时，遇到了突发事故。在无奈的情况下，就将男婴放入救生舱中，并将他平稳地放到地面上。那个金属物可能就是他们的宇航急救系统。由此可见，外星人的科技有多先进。"

外星人男婴落下来以后，本来是没有受伤的。但是，据负责照料男婴的医生说，这个婴儿与地球人有许多不同之处。比如他的手指与脚趾间有蹼，眼睛呈紫色。

　　此外，医生还给他做了X光透视，奇怪的是，他的内部结构与人类居然是一样的。

　　另外，他的心脏特别大，也有跳动的脉搏，不过每分钟只有60次。他的大脑活动比我们成年人要快得多。可能因为难以适应地球的气候，男婴在三个月后就死去了。

被神秘外星女人抓走了！

　　外星人既然有男性，那一定也会有女性吧！确实有人看到过外星人美女呢！

那件事发生在1957年。在巴西一个叫作圣法斯柯的村庄中，有一位长相英俊的青年，叫安尼欧·布斯保斯。在一天夜里，他正想睡觉，突然间通过窗户看到一个会发光的东西，瞬间，它从屋顶的上空划过，一会儿就不见了。当时，安尼欧·布斯保斯以为那是天上的流星，所以并没将此事放在心上。

一个星期之后的一天夜里，那个亮东西又出现在了天空中。安尼欧·布斯保斯仔细一看，它是一个圆形的UFO，有三个支柱。还没等他弄明白是怎么回事，就被抓走了。

等安尼欧·布斯保斯醒来后，看到自己在一间华丽的房间中，旁边站着一位美丽的女人，体毛呈红色，嘴巴像条细缝，有一双绿色大眼睛。这与人们所描述的外星人的模样极为相似。后来，据专家介绍，这类外星人女人是外星人中比较漂亮的一种！

几天以后，安尼欧·布斯保斯又迷迷糊糊地被送回了自己的家中。

外星人宝宝长什么样？

外星人有了男女之分，他们也应该会生宝宝吧！呵呵，刚出生的外星人宝宝长什么样儿呢？也有人见到过！

在2007年5月，人们在墨西哥一个农场中发现了一个外星人宝宝。据目击者介绍：外星人宝宝长得与地球上的蜥蜴极为类似。他没有牙齿和牙根，而且还可以在水中生存等。当然，他肢体的关节构造与人类也有相似之处。

另外，他的脑袋很大，应该比地球人聪明得多。人们之所以断定他是外星人，就是在他被发现之前，当地有人在天空中看到了一个不明飞行物，这可能就是外星人宝宝降落时所"乘坐"的工具吧！至于他乘坐的工具到哪里去了，却没人知道！

趣味问答

外星女人有生育能力吗？

据美国天文观测台的一位专家说："外星人虽然有男女之分，但是女人却不具有生育能力。他们的繁殖方式是通过男女双方达成了某种机理机制，就像我们现代人签订协议一样，谁愿意繁殖就会给谁发射再造信号，再造信号发出不到一个小时就可以造一个新的生命体出来。

外星人的文字和我们的一样吗?

语言文字是人类智慧的结晶，也是人类的伟大之处。而外星人之间要进行交流也应该要用到文字符号吧！他们的文字是怎么样的呢？和我们人类的一样吗？如果有，人类能够理解他们在表述什么吗？要想知道，就往下看吧！

与外星人的一次亲密交流！

在1975年7月22日，日本发生了一件极为神秘的事件，有位法师与外星人进行了一次亲密的交流！

日本的北野法师在广岛县的佛通寺院暂住，那天夜里凌晨1点钟左右，他忽然听到一个声音说："朋友，快起来！"北野法师就起来点灯，看了一下四周，没有任何人。他原以为自己在做梦，就又想躺下睡觉。忽然又一个声音响起："请将窗帘拉开。"北野法师觉得有些奇怪，就下床拉开了窗帘。

结果令他大吃一惊：他看到东方的天空中，竟然有闪着火光的奇异物体飞过来。那个发光体在法师头上转了一圈后，随即又落在对面山上的大岩石上面。那个发光体直径约为20米，与传说中的飞碟一样，很显然这是人们所说的外星人光临地球了。

一会儿，法师住所的门就被打开了，一个身穿黑褐色长袍的人走了进来，他看起来与普通地球人没什么两样。那个身穿黑袍的人用日语要求北野法师把外星人的话记录下来。法师只好拿出纸来，准备记录。只听外星人说了一连串他完全听不懂的话。北野法师插话说："我不懂你在说什么？"外星人却说："现在虽然不懂，但是不久以后你就能理解它们的含义了。"总结起来，外星人大约说了3 800个字。

晦涩难懂的外星人语言！

这些外星人其实并没有对人类充满敌意，讲话很是温和，还亲密地称北野法师为"朋友"。之后，外星人还说出了自己的身份，还说宇宙中其实还有许多星球都存在生命。当法师问及

他们的目的时，外星人却说："我们来地球的目的
就是要将地球从将要灭绝的边缘拯救出来。"

他们交流了大约有半个小时。最终，外星人
非常有礼貌地对法师说："朋友，再见了。后会
有期！"然后就走进发光体中，进入太空，消
失了。

自那以后，外星人经常过来与北野法师
相会，北野法师用录音机录下了他们的声
音。最终，他还向其他几个外星人学
讲外星语。

北野法师说，外星语是一种
晦涩难懂的语言，光母音就有50个左
右。后来有人问及有关外星人语言
的事情，北野法师总是回

避不谈。但是，他总会说："现在谈外星人与UFO是很冒险的事情，但是，真的有外星人的存在！"这句话让人有些费解，但为外星人与他交流的事情增添了许多神秘的色彩。

外星人的日历

苏联航天部队队员帕霍莫夫在一次国际研讨会上称自己找到了破译外星人密码的钥匙，而这把钥匙就是6 000年前外星人留给我们人类的日历。

这本日历采用了最原始的数字编码信息手段，是一个可以展示三维空间影像的大容量信息库。里面不仅有三维图像、平面文字、宇宙坐标，甚至还有一些旋律。帕霍莫夫提出结论：这些文字就是外星人留给人类的信函。

那本日历中的一周是7天，而我们人类音乐的音符也刚好是7个。这样想起来并不是巧合，日历不仅有旋律，而且这个旋律还很好听。据研究，这可能就是外星人留给人类的神秘曲调！

趣味问答

世界上有多少种文字？

专家估计，世界上大概有4 000至8 000种文字，但是现在使用的应该只有5 000多种。很多文字已经在世界上消失了，比如著名的哥特人和玛雅人的文字。每一种美妙的文字，都是历史文化的记录，如果某种文字一旦真的消失了，那么所有的相关记录就都成了无人能懂的"天书"。

人类中有外星人的替身吗?

据说外星人具有超能力，他们能够采用先进的技术把自己"改造"为地球人，成为地球中的一分子！也就是说，我们周围生活的人有可能就是外星人的替身，这听起来似乎有些可怕，但却是有依据的。那外星人为什么要找地球人成为自己的替身呢？他们有什么目的呢？他们对我们人类能造成威胁吗？

秘鲁的一位外星人替身！

1973年2月，在秘鲁的库斯科镇有一位叫作鲁卡特的人，把自己所有的朋友都叫到餐馆中，给他们讲述了一段令人震惊的事情。

鲁卡特说自己是宇宙中A6号星球生存的外星人，这让周围的朋友大为吃惊。他又说，自己原本是地球人，曾经在20年前被一个神秘飞碟带到了一个奇怪的地方。在自己昏迷的状态下，有人将一个外星人的内脏器官全部装到自己身上，然后又让他重返地球，对地球进行详细地考察。

他经常用传感信息将地球上的一些资料传送给A6号星球飞来的飞碟。他还说，在世界其他地方，还有很多外星人的替身存在。

好莱坞的外星人替身！

　　在美国好莱坞也曾经出现过一位外星人的替身呢！

　　有一次，美国在拍摄一部反映太空战争的影片时，相关编导组在招特技演员，进来了一位神秘的应征者。在试镜时，他神秘地按了一下自备的微型传真机键盘，顿时摄影棚中就显示出繁星点点的画面，一艘巨型的太空飞船与外星人迎面而来，屏面上的外星人显示出绿色的面孔，还有数不清的矛齿和面部的皱纹，甚至体内流动的血液还依稀可见。根据此特征，有人认为，这位应征者就是一位外星人替身。

　　这样的场面让警察也大为吃惊，于是下令将他关押起来。一时间，好莱坞所有的制片区都忽然像地震一样晃动起来，人们都惊恐万分。

　　有些导演认为这是那位奇人的魔力造成的，当他们来到监狱看他的时候，那位奇人却消失得无影无踪，不知去向。

由此可见，外星人的替身有多么大的超人能力！

外星人如何成为地球人的替身呢？

外星人有超人的能力，那他们是如何将自己"改造"成人类的模样呢？根据秘鲁那位外星人替身的说法，外星人是将地球人躯体留下，然后再换上外星人的内脏器官、神经、大脑与思维等，虽然与地球人生活

在一起，但是要为外星人服务。

但是，还有人认为，以上只是外星人"改造"自身的一种方法，他们还有很多种其他的方法。

有关专家认为，他们是用某种同人类相近的生物改造而成的，或者是模拟人体的构造而成为地球人。他们具有超常的适应能力，不仅能够适应非同寻常的宇宙环境，而且还能适应其他星球的生活环境。另外，外星人还有超强的能力，那些到地球上来的外星人替身，还要受来自外星基地、外星母船或母星本土所遥控。

还有另一种可能，就是外星人是利用先进的生物遗传工程，先合成地球人的机能外壳，然后再安装上外星人的大脑、神经、思维等等，制造一种地球人的躯体、外星人头脑的族类。他们用思维信息波担负着外星人特殊的使命。

外星人到地球是为了考察地球吗？

那外星人到地球上来有什么企图呢？他们真的是来地球"考察"的吗？

专家认为，外星人把自己丑陋无比的面孔改造成地球人的模样，主要是为了便于考察地球。这样来探索地球和研究地球上的人类，不会引起地球人的恐慌，对他们工作的开展很有利。

看来，外星人到地球上来探索也是付出了很多代价的。不过，他们在完成任务以后，便会以他们本来的面目回到自己的基地去。

好莱坞是拍电影的地方吗？

　　好莱坞，本来是美国加利福尼亚州的一个有山有水、风景秀丽的地方。最初，有一些摄影师来到这里拍照，后来一些制片商来到这里拍电影，慢慢地，好莱坞形成了一个电影中心。世界上很多著名的电影都在这里诞生，当然也培养出了很多出色的演员，好莱坞这个名字已经成为了美国电影的代名词。

百慕大是不是外星人在作怪?

　　在地球上有个神奇的海域，名叫百慕大。那里是船只的死亡海域，几百年来，已经有无数的船只在那里失踪。所以，人们都称它为"魔鬼海域"和"死亡三角区"。有人说，这是外星人在作怪，那里究竟有没有外星人呢? 外星人具体是怎么"作案"的呢?

美洲的魔鬼海域

百慕大又称为百慕大群岛，位于北大西洋西部，由七个主岛以及150余个小岛与礁群组成，呈鱼钩状分布。岛上气候温和，风景秀丽，而且还蕴含着极为丰富的资源。

但是，只要人们提及它，就会胆战心惊。原来，那是个神秘的魔鬼海域，几百年以来，已经有无数的船只和数架飞机神秘地失踪。事后，人们也查不

出来原因，就连一点儿船舶与飞机的残骸也找不到。所以，现在百慕大已经成为一些神秘事件的代名词。

竟然有通往外星的秘密通道

在百慕大发生过许多离奇的事件。1948年1月7日，美国的一架战斗机在追踪一个神秘飞碟，经过百慕大群岛时，突然解体成拳头大的碎片。为什么飞机会突然解体，有很多种说法，有的说是飞碟在作怪，有的说是地球的磁场在作怪，但都缺乏必要的科学依据。

另外，1981年8月，一艘名为"海风"号的英国游船在百慕大突然失踪，船上的6个人也突然不见了踪影。

但是，时隔8年后，这艘船竟然在百慕大又突然出现了，而且船上的6个人安然无恙。

这6个人对过去8年的事情竟然全然不知，并认为只是过了一瞬间而已。是什么力量让6个人失去了知觉呢？有人说百慕大地区有通往太空的秘密通道，那6个人是被外星人带到星外世界，所以才没了知觉的。

百慕大地区真的有通往外星球的秘密通道吗？

通往**外星球的**秘密
通道在海底吗?

　　有人说百慕大通往外星球的秘密通道在海底。这是真的吗? 据说, 在1963年, 曾经有一个奇怪的东西以极快的速度在水下潜行。美国派了一艘驱逐舰和一艘潜艇去追踪, 都没有结果呢! 因为它有可能钻到水下8 000米深处。人们根本无法观察到它的真面目。

　　为了解开这个谜团, 在1979年, 国际潜水中心主任罗歇韦亲自带领队员到百慕大考察, 海面上突然风云变幻, 大雾弥漫, 海浪

迭起。一会儿，一道奇光从海底射向天空，所有队员的神经都高度地紧张起来，好像船要沉入大海似的。

正在紧张的时候，大家却看到水下有一座巨大的金字塔，塔上有两个巨大的洞，翻腾的海水以极快的速度穿过洞口。片刻之后，这个奇怪的现象就消失了，海面顿时恢复了平静。

后来，有科学家说这个金字塔就是外星人在地球的驻扎基地。这些外星人在百慕大海底安装了强大的信号发射系统，导致飞机失事，船只罗盘失灵，使失踪事件在百慕大不断地发生。

趣味问答

百慕大是一个国家吗？

虽然百慕大如此的恐怖，但是在百慕大群岛上还是有人居住的，那里不是一个独立的国家，是英国在海外的一个自治领地。1684年这里沦为英国殖民地，它是英国最早的殖民地。现在百慕大群岛发展得很好，还建有自己的机场，贸易是那里主要的经济来源。

"龙三角"是怎么回事？

在地球上，除了百慕大，太平洋上还有一个神秘的地方，这就是"龙三角"。在这里也曾经失踪过无数的船只，也被人称为"魔鬼三角"。据有关人员说，龙三角也是外星人的驻扎基地，失踪的船只也与外星人有关。这是真的吗？

神秘的"龙三角"地区

　　龙三角位于日本的东京湾，小笠原诸岛、关岛和中国台湾东部的雅浦岛之间，面积约为10万平方千米。这片区域神奇的是，它正好与百慕大遥遥相对，而且在地图上标出的这片海域的范围，也恰恰与百慕大的地形极为相似，并且这里也曾无数次地发生过一些船只失踪、飞机失事的事件，被人们称为"幽深的蓝色墓穴"。

　　有人说，与百慕大一样，龙三角发生的神秘事件也是外星人在作怪。真的是外星人吗？

神秘失踪的大型巨轮

　　1980年9月8日，一艘大型巨轮"德拜夏尔"号载着15万吨的铁矿石来到了龙三角地区。这艘巨轮的大小是"泰坦尼克"号的两倍，它的造型和设计都相当的完美，在海上航行有4年，正是机械状况最为理想的时期。所以，船上的人都感到极为安全。

但是，在航行中，忽然从海上来了一阵飓风。一会儿，船长和水手们突然清楚地看到，海面上突然出现了一道银光，定睛一看，是一个圆盘状的金属飞行物，没有机翼，直径为十多米长。船长心里一惊，正想拿望远镜看个究竟，但那个飞行物一下子就钻进了离轮船不远的水中。

后来飓风越来越大，但是船长一点也不担心，在他眼里，"德拜夏尔"号应付那样的飓风是没有任何问题的。在当时，他还通过广播把看到飞行物的事实告诉了岸上的人们，并说船遇到了飓风，他们会晚一些抵岸，最多延迟几天而已。

可是，岸上的人接到船长的这一则信息之后，这艘巨轮就神秘地失踪了，消失得无影无踪，这一现象，至今还无人能解释清楚。

后来有关专家分析道，这艘巨轮的失踪恐怕与外星人有很大的关系。

突然冒出的不明飞行物

同样的事情，在1981年4月17日又发生了一次。一艘名为"多喜丸"的大型巨轮也经过了龙三角地区。忽然，一个闪着蓝光的圆盘状物体从海中冒了出来，掀起了一阵大浪，险些把"多喜丸"打翻。这个不明飞行物快速地在空中盘旋着，无法仔细地看清它的外表。它在空中足足飞翔了有15分钟，在这期间，船上的无线电莫名其妙地失灵，船上仪表的指针也乱成一团。

随后，又有许多船只莫名其妙地失踪了，就连带有核武器的潜艇和飞机也失踪过，人们不得不联想，难道是这里的海底有一股神秘的力量？那么这股神秘的力量来自何方？恐怕只有外星人才有这样的本领和力量吧！

最古老的UFO故事起源于哪儿？

世界上最古老的关于UFO的故事，大多起源于日本海。在日本古代绘画《空船》中，画的是神秘的外国妇女从海底飞来，她们乘坐的就是一种飞行船。仔细观看这幅绘画，会发现上面有飞碟状的物体，和现代人见过的飞碟非常相似。绘画《空船》被认为是最古老的，以UFO为主题的作品。

"泰坦尼克"号沉海
是UFO在搞鬼吗?

1912年4月15日，世界上绝无仅有的一艘英国皇家邮轮在航行过程中撞到了冰山，不幸在北大西洋遇难，死亡人数达上千人，成为世界海难史上最为惨重的一次冰海沉船事件。后来，有人说这艘世界上设计完美的"不沉之船"遇难是UFO在搞鬼，这是真的吗?

你听说过"泰坦尼克"号沉船事件吗?

"泰坦尼克"号是英国白星航运公司倾巨资打造的一艘豪华邮轮,它的设计造型、制作工艺堪称世界一流,被称为"永不沉没之船"。

"泰坦尼克"号的船身长约269.06米,宽28.19米,可以承载乘客2 200名以上。另外,它的内部设计极为奢华,里面有游泳池、健身房、图书馆和高级咖啡厅等。

1912年4月10日,"泰坦尼克"号在南安普敦港码头开始了它的第一次航行之旅。4月14日的晚上,它在航行中遇到了巨大的冰山,当航船人员发现前方的冰山时,船长约翰·爱德华·史密斯马上下令减速,但是因为船速太快,还没等速度减下来,船身已经撞到冰山了。最终1 500多名乘客成了它的陪葬品,这是人类历史上的一次大灾难。

后来有人说,"泰坦尼克"号的沉没不完全是因为撞到了冰山,而是与UFO有关。因为建造"泰坦尼克"号所使用的钢材硬度极大,撞到冰山应该不会破损沉水的。

神秘的"鬼火"

当然，认为"泰坦尼克"号是因为遇到了UFO才会沉船，也是有根据的。

在1985年，美国的一支勘察队在勘察"泰坦尼克"号沉落海底的残骸时，有人在船体右舷的前下部发现了一个直径为90厘米、边缘异常光滑的大圆洞。奇怪的是，这个大圆洞非常齐整，好像是被一个圆规状的切割工具加工过似的。这个洞引起了勘察队员的密切关注，还专门深入水下进行了测量和拍照等。后来，相关专家认为这个洞是被一种功率强大的激光束射击以后造成的。

另外，根据当时经历

过"泰坦尼克"号沉船事件的人回忆，在事发的当天晚上，大海中曾经出现了一些奇怪的"鬼火"，它们还在船的周围来回地飘荡，不久便消失在大洋的深处。所以，有关专家推断，那些鬼火可能是UFO发光体，而"泰坦尼克"号可能正是遭到了UFO激光束的射击，才入水翻沉的。有的人说那都是外星人在搞鬼，总之，有诸多种猜测，但说法不一。

UFO的激光真有那么厉害吗？

上文说是UFO的激光射到"泰坦尼克"号，才使它入水翻沉的。但是，UFO的激光真的有那么厉害吗？

当然了。因我们平时使用的激光就具有极大威力，特别是波长振幅一致的激光，在透镜的媒介之下，如果凝聚成小光束，就能够轻轻松松地将铁板切断。如果是紫外线波长很短的激光射到人身上，会使人身体内发生化学变化。另外，有的激光甚至还能直接杀死人呢！而外星人的科技要比人类高超得多，他们的激光把邮轮击沉也不足为奇了。

趣味问答

到奥罗拉去看看UFO

　　在1897年，有一艘来历不明的飞行物，坠毁在美国得克萨斯州奥罗拉镇。随后，一具和人类极为相似的神秘尸首被埋在了小镇的墓地之中。这样一个口口相传的故事，在历史上演绎了100多年。这样一个传奇故事究竟是怎样的呢？它其中隐藏着什么样的秘密呢？

神秘的外星尸体

　　1897年4月17日的清晨，在美国得克萨斯州奥罗拉镇郊区的上空，有人看到一个巨大的银色的雪茄形的物体飘浮在空中。然后，就撞上了一栋住宅的塔楼，突然发生了巨大的爆炸，残骸全部散落在地上。在残骸之中，人们发现了一具身材瘦小，严重变形的生物躯体。经过各方面的检查，这具躯体与人类的躯体有很多不同之处，所以，有关专家就断定，这具躯体绝非是地球人，而有可能是来自外星的居民。

　　后来，当地人们就按照基督教的仪式，将外星人的遗体安葬在小镇的墓地之中，还为他刻了墓碑。人们又将那个不明飞行物落下的残骸扔进了一口井之中。一个传奇故事就由此诞生了。

真的是外星飞船的残片吗？

据说，事后竟然又有数艘不明飞行物飞过此地。据目击者称，这些飞行物与先前撞落塔楼而爆炸的飞行物极为相似，也呈雪茄形，飞行速度能达到每小时400千米呢。那这些飞行物究竟是什么呢？

事后，有关人员在飞行物飞过的地方找到了一些奇怪的金属。一位UFO研究者对金属进行了研究，最终做出分析：这块金属片由95%的纯铝与5%的铁组成。在当时，将5%的铁融进铝中，是绝对不可能的，因为两种金属不会以这种方式结合。这位研究者认为，这种金属只能在十分精密的实验室中，要运用超纯的提炼技术才能制造出来，而绝不可能在奥罗拉镇以及周围的任何地区制造出来。更为神奇的是，将这种金属置于其他金属磁体之前，它不会发生任何的磁场反应。这究竟是怎么回事呢？

奥罗拉镇只有一个外星人故事吗？

奥罗拉镇过去曾有三千多名居民，现在只有四百多名。城镇规模缩小了，但围绕着神秘飞艇时间的争论却众说纷纭，尽管对于这个知名传闻，小镇居民的态度两极分化，一派相信，一派怀疑，但他们还是于1976年在被认为是埋葬了外星人遗骸的墓穴前竖起了一块牌子。

为了弄清楚事情的真相，有关调查人员专门来到奥罗拉镇，他们找到了当年埋葬那具神秘躯体的墓地，用金属探测器对墓地进行扫描。奇怪的事情发生了：金属探测器上发出与他们先前研究的那块金属发出同样的声音，而且分贝也一样。他们当即想挖开墓地看个究竟，但却被当地政府拒绝了。

奇怪的是，当调查人员再次返回墓地时，那块墓碑却不见了，并且金属探测器也探不到周围含有任何金属，原来，那块金属被人盗走了。就这样，外星人留下的唯一的线索永远消失了。

中国河北省"失踪事件"
是UFO在作怪吗？

　　1977年，在中国河北省肥乡县发生了一件令人震惊的事件，那就是该县的一位青年农民黄延秋经历了一次神秘失踪。据传，他是被两个不明飞人带走的，一夜之间曾经腾空飞到500多千米以外的上海。这听起来像童话故事一样。但是它确实发生了，难道真的是外星人来到了人类身边？

神秘失踪事件

那件神秘失踪事件发生在1977年7月27日，当年黄延秋才21岁。事发前，他正在为结婚的事情做准备。突然有一天晚上，他在睡觉的时候，却突然失踪了。村民们四处寻找，都没有音讯。第二天，也就是7月28日，就有位村民接到一份电报，写道："辛寨黄延秋在上海蒙目路遣送站收留望认领。"

当时黄延秋确实是到了上海，他说我记得晚上我在睡觉，不知道为什么一早上睁开眼却看到满街闪烁的霓虹灯，清醒后才知道自己在上海。但他却不知道自己为什么会在上海。

有的人说黄延秋是得了睡行症才会到

上海的。但是，河北肥乡县离上海有1 140千米，在1977年，就是乘最快的车也需要22小时才能到达，而且还必须要到45千米以外的邯郸市才能搭上火车。按黄延秋的描述，他是从头一天晚上10点到第二天早上7点就到了上海，这中间只相差9个小时，那黄延秋即便是有睡行症，也不可能在9个小时内从河北的农村到达上海。这究竟是怎么回事呢？

谁在背我飞行？

后来，据黄延秋回忆说：当我在上海不知如何是好的时候，身边突然出现了两个神秘的人物，就问我在做什么，我说我不清楚自己为

什么出来了，自己想回去没法回去。后来，那两个人就给我买了一张火车票，送我上了车。我认为就是他们两个在当天夜里背着自己到了上海。

后来，有人推测，送他上车的两个神秘的人物有可能是外星人。但是，他们如果真是外星人的话，为什么不把黄延秋直接送回家呢？这来回折腾的时间单凭外星人的本领不早就到家了？为什么还要麻烦地把他送上火车？

最终，那封电报就成了这起神秘事件的重要线索了，然而，这封电报却已经无从查找。这起"失踪案"也成为了一件永远的谜。

趣味问答

什么是"睡行症"？

上文提到有人猜想黄延秋是得了睡行症才到上海去的。那什么是睡行症呢？睡行症就是我们平时说的梦游症，就是晚上睡得好好的，突然起床活动，出去转一圈之后又继续躺下睡觉。第二天问患者，患者自己也不知道有这回事。一般来说，这个时间可以从几个小时一直持续到几天。睡行症属于睡眠障碍的一种，经常在儿童和青少年身上发生。

美国总统和UFO有什么关系？

在发生的所有UFO事件中，美国是目击事件发生最多的国家。尤其是美国总统对UFO的了解最多，因为从罗斯福上台到小布什执政六十多年的时间内，记录总统和UFO事件的共有11次之多，这是为什么呢？UFO为什么与美国总统之间发生过如此多的事件呢？

罗斯福和UFO

　　1942年2月25日凌晨，驻扎在洛杉矶的一支美国军队正在迎接"二战"，突然军队雷达屏幕上出现了一个神秘的亮点。对于这个不明身份的敌人，军方立即进入了战斗状态。几分钟内，南加利福尼亚海岸的黑暗晨空就布满了搜索光线和防空炮火，整整一夜共发射了2 000多枚炮弹。那天洛杉矶全城，有数千人在探照灯的光柱上看到了一些不明飞行物。

　　第二天一大早，人们发现地上到处都是落下的弹壳，但是什么都没有击落。有些报纸说那有可能是日本的飞机，但是很多人认为那就是不明飞行物。那些物体究竟是什么呢？当时陆军部总参谋长乔治·马歇尔给罗斯福呈送报告说：那里共有15架"飞机"，而且这些"飞机"的速度变化无常，并且飞行的高度也是随时可以拉升的，最为奇怪的是，它们都没有投弹，没有造成任何的人员伤亡。那天夜里没有盟军和美军的飞机在空中活动。

　　总统罗斯福正在尽全力迎接"二战"，看到报告后，并没有发表任何看法。

杜鲁门和UFO

　　1945年，杜鲁门正式成为美国的总统，就在他的任期内，发生了UFO研究史上最为令人瞩目的事件。

　　1947年7月8日，美国新墨西哥州罗斯维尔的《每日新闻报》中刊载了一条消

息："空军在罗斯维尔地区发现了不明飞行物。"但是美国军方却认为坠毁的仅仅是一个气球，不足为怪。直到今天，罗斯维尔事件仍然是一个谜。

　　研究者认为，强硬派杜鲁门对UFO的态度也是强硬的。针对空中发现的不明飞行物，统统要击落。

肯尼迪和UFO

　　肯尼迪是美国第35任总统，就在他任职期间，他曾在船上目击了 UFO。那是1963年，肯尼迪在他老家雅尼斯港附近划船时，突然在上空 出现了一个银色的盘状飞行物，在飞行的过程中，不断地降落。但是， 肯尼迪不知道出于什么原因，就对周围的人说："我们最好不要把这件 事给宣扬出去。"

　　直到肯尼迪遇刺身亡之后，人们才在图书馆中找到了此事的相关记 录。记录上表明，肯尼迪曾让他的弟弟罗伯特·肯尼迪写信把那件事报 告给了专门研究UFO的研究员。

有人说，肯尼迪其实对UFO十分感兴趣，因为在他遇刺以后，他曾经处理的一些关于UFO的信件被公开了。在美国，专门去处理UFO事件的总统确实很罕见。但是，更多的人相信，肯尼迪一定与UFO事件有某种联系。

趣味问答

美国总统为什么都回避UFO事件呢？

从罗斯福到杜鲁门再到肯尼迪，他们都曾经遇到UFO，但是为什么每个人都要避而不谈呢？

有关专家说，并非是美国总统回避UFO事件，而是美国军方回避。有人说，美国曾经在UFO上提取了大量的先进技术用于军事方面，所以，他们避而不谈主要是为了自己的技术应用情况不被泄露而采取的极端保密措施而已。

月球有可能是外星人的基地吗？

　　月球是离地球最近的一个星球，1968年"阿波罗8号"顺利升空，成功地到达了月球，这是人类唯一登陆的一个星球。但是，就在宇航员刚到月球的背面时，突然出现了一个巨大的地外物体，直径足有16千米。一位宇航员忙拿出相机，准备拍下一些照片，但却看不到它的踪影。它飞走了，还是隐入了月球内部呢？月球真的有可能是外星人的基地吗？

UFO多次出现

对于"阿波罗8号"宇航员看到的神秘物体，有人认为，它一定是外星人或者是外星人建造的一种器械，而月球正是他们的基地。当然也有人认为，神秘物体有可能是从外星球上来的。到底是怎么回事，没人能够说得清楚。

后来，在人类实施第五次登月计划时也发生了类似奇怪的事情，就在"阿波罗11号"快登上月球的时候，宇航员突然发现，在飞船的身后，有一个不明飞行物在浮动，它呈L形，还能向外喷出一道长长的尾迹，开始迅速上升，然后下降。与此同时，飞船内也出现了神秘的闪光，这可吓坏了宇航员，他们还以为有东西进了飞船呢！这些闪光让人极为担心，要知道，在没有空气的太空之中，任何东西把飞船穿透，都有可能造成天大的灾难。宇航员曾用望远镜观察，但却没看到任何的踪迹。难道这真是UFO在作怪吗?

对此，有的科学家做出了大胆的推测，月球本身应该是大得出奇的宇宙飞船，因为它所在的宇宙发生了大灾难，因此才被运到了太阳系中。如果月球真的是一个宇宙飞船的话，那月球就有可能是地外智慧生物的基地。但是，让人困惑的是，人类几次踏上月球，并没有发现有外星人呀! 他们会躲到哪里去了呢? 实在令人很费解。

宇航员遭遇外星人

1971年，"阿波罗14号"飞船又一次光临月球，宇航员埃德加·米切尔也成为第六个登上月球的人。但是就在飞船返回地球时，埃德加·米切尔竟然看到了一个外星人。据他说，那个外星人与电影里面的相似，小身材、大眼睛、大脑袋。米切尔说，当时就有一种被某种东西注视的感觉，仿佛自己与宇宙中的智能生物产生了一种心灵上的接触。

埃德加·米切尔根据自己所看到的一切，认为人类的科技水平是远远比不上外星人的，外星人对人类没有敌意，否则，人类可能早就不存在了。随后，因为那

次偶遇外星人的事情对他产生了巨大的冲击力，他回到地球以后，就开始研究神秘的超自然现象。同时，他还特地在加利福尼亚建造了一个"抽象科学协会"，专门研究各种超自然现象。由此可见，埃德加·米切尔所遇到的一切是具有可信度的。

后来，有关专家也推断出，月球有可能是外星人的基地，不过他们可以躲在比较隐秘的人类到不了的地方罢了。不过，这也只是推测，月球上究竟有没有外星人，至今人类还没有确切的证据。

趣味问答

月球真的是外星人的基地吗？

据报道，宇航员乘人造飞船登上月球背面的时候，曾在那里发现过美国"二战"时期的轰炸机，机身机翼都有明显的美国空军标志，有人推测这可能是外星人掳到月球上的。它们究竟是否是外星人掳上去的，至目前为止还没人能够确定。不过，有关专家认为，这为"月球是外星人的基地"的猜测又多了一个有力的证据。

从山洞走出的外星小绿人

我们知道，外星人的长相都很奇特，但是，你听说过满身皮肤都是绿色的外星人吗？在西班牙的一个山洞中曾经走出来两个绿孩子，他们说自己来自一个看不到太阳的星球，引起了人们的关注。这两个绿孩子和11世纪在英国出现的绿人一模一样。

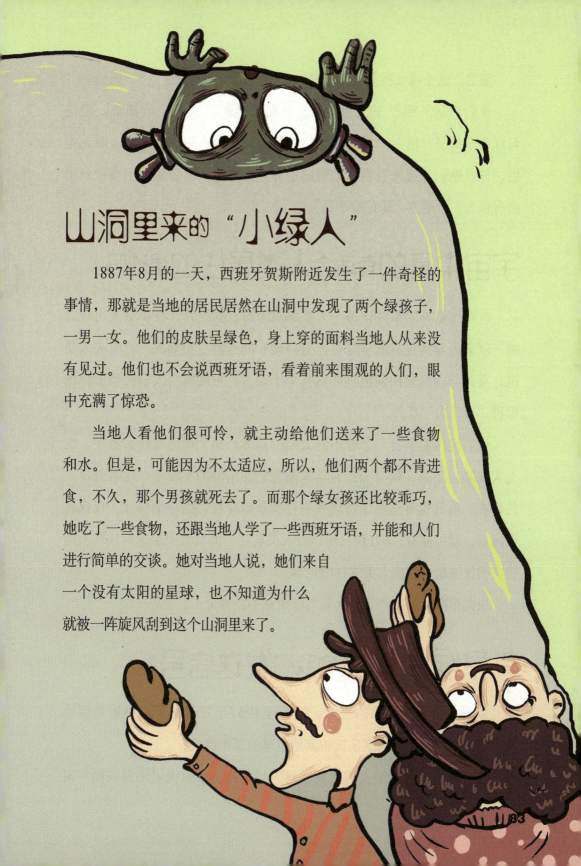

山洞里来的"小绿人"

1887年8月的一天，西班牙贺斯附近发生了一件奇怪的事情，那就是当地的居民居然在山洞中发现了两个绿孩子，一男一女。他们的皮肤呈绿色，身上穿的面料当地人从来没有见过。他们也不会说西班牙语，看着前来围观的人们，眼中充满了惊恐。

当地人看他们很可怜，就主动给他们送来了一些食物和水。但是，可能因为不太适应，所以，他们两个都不肯进食，不久，那个男孩就死去了。而那个绿女孩还比较乖巧，她吃了一些食物，还跟当地人学了一些西班牙语，并能和人们进行简单的交谈。她对当地人说，她们来自一个没有太阳的星球，也不知道为什么就被一阵旋风刮到这个山洞里来了。

随后，这个绿女孩儿又活了5年，就死去了。

他们到底从哪里来，为什么皮肤是绿色的，人们无从知晓。但是可以肯定的是，这两个绿孩子与11世纪曾在英国出现的两个绿人毫无差别，并且他们都说来自没有太阳的地方。这就进一步证实，宇宙中真可能有那么一个地方，居住着小绿人。

宇宙中真的有适合人类居住的星球吗?

这两次诡异的事件让每个人都感到困惑。据统计，在小绿人出现之前，就有人看到过皮肤呈绿色、身材矮小的这种"小绿人"。有关人员说，英国与西班牙山洞出现的这几个小绿人，可能就与人们先前看到的那种"小绿人"有关。

他们说他们来自一个看不到太阳的星球，那个星球叫什么名字，也无人知晓。于是，就有一些科学家猜想，在浩瀚的宇宙中一定有外星人的存在，而且也有适合生物居住生存的星球存在。据科学估计，仅仅在银河系，就可能有1.8万颗行星适合人类居住，而且其中至少有10颗星球的文明发展超过我们人类生存的地球。

由此推断，那些小绿人光临地球也就不足为奇了。

外星绿人竟然向我们发送信号！

随着人类科学技术的进步，人类于1967年发明出了一种射电望远镜，它可以观测并扫描到宇宙中其他星球的基本面貌。

有一次，一位美国女博士乔瑟琳·贝尔在运用射电望远镜观测宇宙时，她突然发现了奇怪的脉冲。乔瑟琳立即将这个消息告诉了自己的导师休伊什，这激发了休伊什极大的兴趣。后来，休伊什认为，这些信号可能来自"小绿人"，经过了半年的努力，天文学家终于证实，这种信号来自人们还不认识的一个天体——脉冲星，那上面很可能有生命的存在。但是由于距离太过遥远，人们还无法取到确切的证据。

小绿人有可能是地球人吗？

我们知道，地球上有白、黄、黑三种肤色的人种，几乎没有见到过绿皮肤的人。所以，我们认为那些小绿人很有可能是从外星球来的。

但是，小朋友，你知道吗？地球上也是有绿色人种存在的。那些绿人主要分布在非洲，他们全身的颜色像草一样翠绿，连血液也是绿色的。这种人目前也只有三千多，还过着原始的生活呢！而我们上文中所说的神秘的小绿人，也有可能是他们中的一员哟！

趣味问答

85

外星人
为什么要
绑架人类？

人类不止一次地看到神秘的外星人光临地球，它们到地球真正的目的是什么呢？1961年发生在美国的一件"外星人绑架地球人"案件激发了人们的无数想象。外星人到地球来究竟有何目的呢？他们为什么要绑架人类呢？

遭遇外星人绑架

1961年9月19日，美国一对普通的夫妇到加拿大旅游，在返美的途中却遭遇到了外星人的"绑架"。

美国普通职员巴尼·希尔和妻子贝蒂·希尔开车经过罕布什尔州的怀特山脉时，突然在天空中发现了一个发光物体，原来以为只是一颗流星，但是它却在飞行的过程中改变了方向，直奔他们飞了过来。他们当时吓呆了，急忙停车。巴尼走出车子用望远镜观察，发现发光物体是一个扁平的飞碟。

在危机之时，巴尼就钻进汽车准备逃跑，但是飞碟却在对面挡住了去路。从飞碟上下来几十个神秘的"人"，把他们强行带入飞碟中。希尔夫妇见那些人的身材都很瘦弱，并有一双深邃凸出的大眼睛，有两个胳膊和两条腿。奇怪的是他们面部没有鼻子，嘴唇也非常小，与平时人们所描述的外星人形象很相似。

当时夫妇两人就意识到：他们被绑架了！

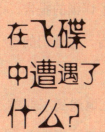

在飞碟中遭遇了什么?

　　那个飞碟上的空间很大，随后，希尔夫妇就被分隔在两个房间之中。当时，在无奈之下，希尔太太就强装镇定，并向一位指挥员模样的人问："你们来自哪里？"那位指挥官不回答，只是拿出一张立体的星图给她。

　　过了一会儿，他们又到希尔先生的房间中，仔细地观察了他的眼睛、耳朵、鼻子、喉咙、皮肤、头发等，随后，又把希尔先生按到一张桌子上，在他的皮肤上涂了一些东西，想看看他们与人类的皮肤是否相似。

　　接下来，希尔夫妇就失去了知觉，但是他们隐隐约约好像感觉到外星人又从他们身上各取走了精子和卵子。但是这只是两人当时的感觉，并不确定。

　　后来，希尔夫妇就清醒了，并又被送出飞碟，未受到任何的伤害。飞碟最终起飞后不知去向。

接二连三的绑架，他们究竟有何企图?

回到家以后，希尔夫妇把自己的经历向有关部门做了详细的报告，但却未引起人们的重视，因为先前出现过许多类似的报告，对他们的奇遇，人们也不足为奇了。

就在希尔夫妇公布自己的遭遇后，他们又接二连三地遇到了此类的绑架事件。这究竟是为什么呢? 外星人为何要接二连三地绑架希尔夫妇呢?

后来，有关学者根据希尔夫妇的报告，得出了以下结论：外星人从遥远的太空过来绑架地球人，可能就是为了实现他们的繁殖实验，也就是说，外星人可能有仿造人类的伟大计划。当然，这也只是人们的猜测，到目前为止还没有确凿的证据。

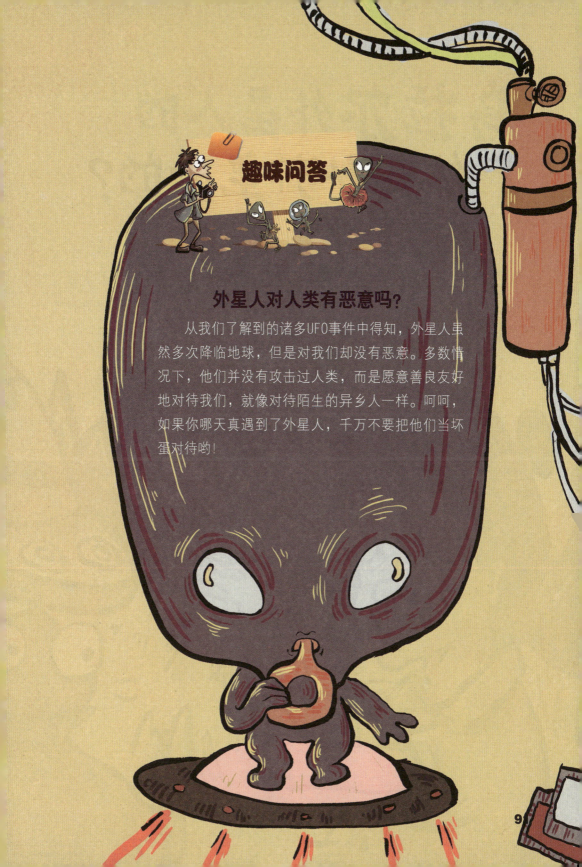

趣味问答

外星人对人类有恶意吗？

从我们了解到的诸多UFO事件中得知，外星人虽然多次降临地球，但是对我们却没有恶意。多数情况下，他们并没有攻击过人类，而是愿意善良友好地对待我们，就像对待陌生的异乡人一样。呵呵，如果你哪天真遇到了外星人，千万不要把他们当坏蛋对待哟！

乌拉尔外星人的尸体是从哪里来的?

　　在地球上，"外星人事件"可谓层出不穷。小朋友，你知道吗？在俄罗斯的乌拉尔地区，人们也曾发现过一些神秘生物的尸体，有关专家对它们进行了详细地检测后，认为这些生物绝对不属于人类！那他们和人类有哪些区别呢？他们究竟是不是外星人呢？

神秘的外星人

1996年，在俄罗斯乌拉尔地区基什蒂姆镇的一个名叫卡里诺夫的小村庄，有位老太太发现了一个长相奇怪的生物。据介绍，他的身高只有25厘米左右，脑袋长得像洋葱，没有耳朵，有一双硕大的眼睛，几乎占了大半个脸，而且嘴里还发出"吱吱"的叫声，看上去不像是地球生物。但是，老太太还是小心翼翼地将他带回了家。不过，这个小生命没多久就死掉了。

随后，这件事情惊动了俄罗斯的科学家，他们希望研究一下这个神秘生物的尸体。但是老太太却不幸在一场车祸中死亡，而那具神秘生物的尸体也随之消失了。

绝非是地球生命体

后来，这具尸体被基什蒂姆镇的一位警官找到了。原来，这具尸体是落入了当地一名涉嫌盗窃电线的犯罪嫌疑人手中，他在接受警察审讯的时候，手中带着一个包裹，包裹中裹着这具尸体。

随即，当地医院的医生就对这具尸体进行了全面的检查，发现了一个奇怪的现象：这具尸体的头盖骨比人类少了两块骨骼，此外的其他骨骼结构也和人类有所区别。当时人们就怀疑他绝非是地球生物，而是外星生物。

为了进一步证实，相关医生又对这个生物做了DNA检测，最终发现，他和人类或类人猿的基因完全不符。而且，医生们表示，从未见过这种DNA分子。

此外，医生又对他进行了X光透视检查，发现他有两个发育健全的心脏，两个胃以及不同于人类的骨架。最后，有关医院的专家综合分析认为，这个生物竟然有抵抗子弹的本领，但却不能够抵御寒冷。事后，也

94

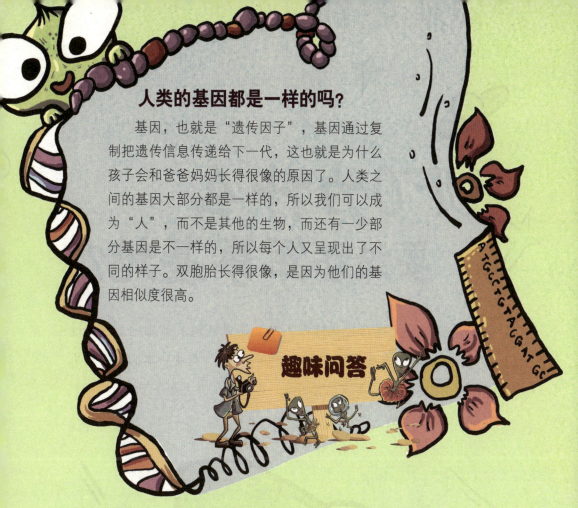

人类的基因都是一样的吗？

基因，也就是"遗传因子"，基因通过复制把遗传信息传递给下一代，这也就是为什么孩子会和爸爸妈妈长得很像的原因了。人类之间的基因大部分都是一样的，所以我们可以成为"人"，而不是其他的生物，而还有一少部分基因是不一样的，所以每个人又呈现出了不同的样子。双胞胎长得很像，是因为他们的基因相似度很高。

趣味问答

有科学家认为，他应该是一具真实的地外太空的生物遗骸。

真的是外星人的遗体吗？

其实，此类事情不仅仅发生在俄罗斯，全世界其他许多地方也有类似的事情发生。据说，美国与尼泊尔当局人员曾在喜马拉雅山的冰雪之中，找到了6具外星人遗体和一些飞船的遗骸。据说，这艘飞船是来地球探险而遭遇不测的，因为这些残骸被冰雪封冻了起来，它们的失事年月已无从考证。

UFO为什么要造访军事基地?

UFO不仅无数次造访过地球人,而且还曾经到军事基地上造访过呢!呵呵,这听起来有些奇怪,难道UFO对导弹、枪支一类的武器也感兴趣吗?它们到军事基地去有何目的呢?那就让我们去看一下吧!

光顾美国导弹基地

　　在美国怀俄明州捷恩市的西北方，有一座美军的导弹基地。因为牵涉到国家军事机密，那里戒备森严，不允许任何人光顾。但是在1988年10月12日，那里却来了一位"不速之客"。

　　据目击者描述，那是像小山一样的不明飞行物，有12座美式足球场那么大，而且中间还带着一连串红色、绿色、蓝色和白色的光芒。它在空中来回地盘旋，不仅惊动了周围的人，而且把附近农场饲养的牲畜也吓得惊慌失措。当地的农民凭他多年的饲养经验认为，一定有什么特别的东西才使牲畜这样的。

警察赶到现场后，也一致认为，那绝对不是任何类型的飞机。但是，所有的人都不知道那个"怪物"究竟是什么！

光顾苏联导弹基地

那个"不速之客"不仅光顾过美国的导弹基地，而且还光顾过苏联的导弹基地呢。

那是1959年5月的一天，苏联乌拉尔导弹基地总参谋部的人发现所有雷达突然失灵了。就在这时候，该基地的上空突然出现了一些不明飞行物。它们体积很大，而且还发着光，一会儿像闪电一样快速地移动，一会儿又在空中停止不动，这引起了苏军的极大不安。他们刚开始怀疑是美国的间谍行为，但是美国却矢口否认。

紧接着，又在1960年的一天，美国正在怀特沙漠试验场发射德国研制的V—2导弹，但是导弹正在飞行，却被一个圆形的飞行物"跟踪"上了。奇怪的是，这个不明飞行物的速度竟然达到了每小时1700千米，然后又以大约每小时9 000千米的速度突然消失在天空中了。有关专家分析认为，能达到如此快速度的飞行物，在地球上并不多见，有可能是来自外星球。

那些飞行物是否真的来自外星球呢？那些光顾导弹基地的飞行物都是一类的吗？它们为什么能够使雷达失灵呢？至今还没有答案。

不明飞行物为什么要光顾
导弹基地呢?

如果说这些不明飞行物对地球上的飞机关心一下,还不算奇怪,但是它们却对导弹、火箭如此感兴趣,却让人有些困惑。

但是可以肯定的是,它们除了使军事基地的雷达失灵以外,并未对那里的任何设备进行恶意的攻击和破坏。

对此，有关专家认为，这些"不速之客"频繁光顾军事基地，可能有一个目的，那就是对人类的导弹技术进行考察和探测，也可能是对人类的导弹技术感到好奇。

趣味问答

牲畜为什么对UFO感觉如此灵敏呢？

上文提到，UFO把农场中的牲畜吓得惊慌失措。UFO在天上飞，而牲畜的视觉又不怎么发达，怎么能够产生如此强烈的反应呢？

原来呀，牲畜的视力很不好，但却有很强的感觉系统。空气中的一些细微的物理、化学变化等异常反应，都能够及时地刺激到它们的感觉器官，让它们产生反应。UFO在天空飞行，有可能也发出了一些人类感觉不到的细微信号，进而触及了牲畜的感觉器官，才让它们产生了强烈的反应。

一起听听 比利时的UFO故事

1989年11月，在比利时发生了一起UFO事件，有一千多人都亲眼看到了那个不明飞行物！这也惊动了比利时的空军，紧接着，就有一架飞机对这个"天外来客"进行了追踪。飞机追踪的结果是怎样呢？它和其他的UFO有什么不同呢？让我们赶快去看看吧！

是飞机还是UFO呢?

　　1989年11月29日傍晚，比利时发生了一起UFO事件，数百人都在天空中看到了一个发光的不明飞行物。人们在布鲁塞尔上空约30千米处先看到了一个发光点，之后光点就越来越大，越来越近。这个飞行物呈三角形，有4个通亮的着陆灯，轮廓发出火光，直径比肉眼见到的月亮还大6倍多，从人们头上约400米的空中飞过。有个摄影记者还乘机拍摄下了许多照片，根据这些照片来看，那个飞行物与飞机有许多不同之处。首先，它飞行的高度要比飞机低得多；其次，飞机的信号灯只有3个光点，而它明显有4个光点。相关专家说，这不可能是飞机。

追踪UFO！

当这个三角形的UFO出现在天空之后，当地民航局的雷达也接到了它的信号。这个消息很快传到了驻扎在布鲁塞尔的空军司令部，空军司令立即派出两架F—16飞机对不明飞行物进行追踪。

飞机到达目标上空后，飞机雷达显示器上突然出现了不明目标。接着，驾驶员压住手柄，雷达显示器上的白点突然变成了菱形，表示目标距飞机当前的位置相当遥远。定位器自动瞄准了目标，目标速度从每小时280千米一下子变成了每小时1 800千米。

这种梦幻般的加速度会造成巨大的超重。如果那是一架飞机，机舱中坐的是人的话，将难免一死。另外，飞行物的飞行轨道也让人咋舌，从1 700米高空急剧地下降，降到400米左右时，F—16飞机测位器和地面雷达就都失去了目标。

空军的报告

随后，空军将这一事件的主角定为UFO，这也引来不少的争议。有人认为这可能是天上的流星，有人认为也可能是火箭、人造卫星的残骸等。结果都被人否定了，因为流星和火箭、人造卫星的残骸在降落的过程中都不可能改变方向。

于是，又有人怀疑是否会是赫赫有名的美国F—117A隐形飞机呢？但是，这种飞机又不可能在空中飞得很低，而且它的最小速度为每小时278千米，不可能在如此低密度的大气层中以每小时1 800千米的速度飞行，并且没有任何冲击声响。

在随后的几个月内，在比利时又发生了400多起UFO事件。这让比利时军队马上进入了紧张的备战状态。

趣味问答

什么是超重？

上文提到飞行物突然的加速度会造成巨大的超重，还会置机舱中的人于死地呢！但是，什么是"超重"呢？

超重就是指物体所受的拉力或支持力大于物体所受的重力现象。小朋友，当我们在乘电梯的时候，我们感到电梯行走很平稳，就是因为我们所受的电梯的支持力等于我们自身的重力，而如果当电梯以迅猛的速度向上运行，我们就会感到一种向上的压力，这时候，你一定会非常害怕，这就是超重现象！

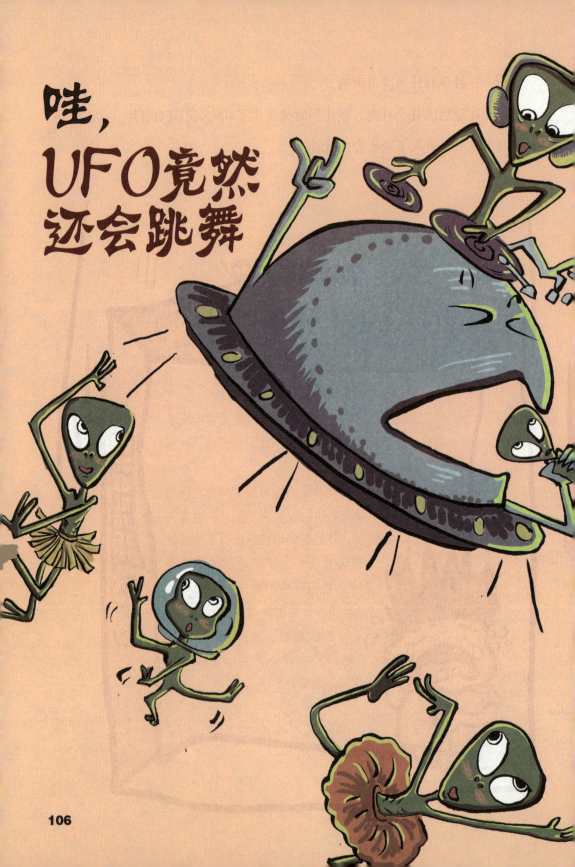

　　在植物园，我们能看到向日葵在随着太阳跳太阳舞，水莲花在夜幕降临前跳闭合舞；在动物园，我们能看到猴子即兴表演的四不像的舞姿，还有孔雀向异性展现自己的开屏舞；而我们人类的舞蹈就更多了，芭蕾舞、踢踏舞，拉丁舞……可是你见过UFO的舞姿吗？什么？UFO还会跳舞？惊讶吧？那就赶快随我去欣赏一下吧！

小心，别被冒牌UFO给骗了！

　　在美国加利福尼亚州奥林奇县，人们曾经看到过天上有几个闪着蓝光的东西，而且它们还在转着圈地"跳舞"呢！原来这就是人们经常提起的"UFO"。不过，你可千万别被这些"UFO"给骗了，其实它们都是玩具模型，这是商家为了出售模型出的新点子。好玩吧？

见过UFO的人还真不少

在20世纪之前就有许多人见过UFO，比较完整的目击报告就有300多件。有的目击者说不明飞行物是圆盘状的，也有人说是球状的，还有雪茄状的，射线状的……从20世纪40年代末之后，UFO的目击事件越来越多，到80年代末，全世界的UFO目击事件加起来差不多有10万件。这些目击事件有些是人们看到的，有些是雷达显示的，也有一些是近距离接触的，还有少数有照片为证。

有人看见它在跳舞

1973年2月11日晚，英国的一名记者和一个渔夫一起看到了一个飞碟。这个飞碟跟车轮长得很像，是环状的，它的上面还有窗户和星星点点的东西。记者和渔夫就用望远镜仔细观察它，他们看到飞碟倾斜着身子，放着耀眼的光芒，在

慢慢地朝西面飞去，动作轻盈舒缓，就像少女在和着轻音乐舞蹈一般。

因为那晚月光满天，而且飞碟飞得很低，地上的人可以将它的轮廓看得十分清楚，所以不可能会误认。有人推断，这可能是一只UFO的母舰或是UFO基地。

UFO的舞姿很有规律

在美国俄亥俄州克利夫兰市附近，德温夫妇在一个寒冷而晴朗的夜晚看到了一个四叶形的不明飞行物在飞行。这个飞行物由四个发光的飞碟组成，而且每个飞碟都有自己的椭圆形轨道。这四个飞碟时而一起向

前，相会在四叶共同的中心，时而又各自退后，分散开去。它们的这些动作非常整齐，而且都保持飞在同一高度。更有意思的是它们是在有规律地做这些运动，相遇，分开，相遇，再分开……一直这么重复着，这明明就是在跳舞嘛！

这个不明飞行物体型很大，覆盖了约棒球场大小范围的天空，跳完舞蹈后，这四

中国人见过会跳舞的UFO吗?

1977年7月26日的22点5分,中国云南省天文台研究员张周生在四川成都的户外观测星象时,突然发现北方的天空出现了一个螺旋状的物体。他赶紧叫来同伴一起观察这一奇怪现象。

他们看见这个物体的中心闪着绿中带蓝的光,这光从中心向外延伸,形成了螺旋状的光环,好像要从中心点喷射出什么东西似的。这光环整体看起来像是椭圆形的,由三四层组成。在22点14分,这家伙在炫耀完它的"闪光舞姿"后,就突然消失了。

个飞行物合四为一,成为一个整体,然后很轻巧地飞走了。

温德夫妇说整个过程持续了有半个多小时。

你听说过神秘的 51 区吗?

我们在看好莱坞的一些大片，比如《独立日》、《X档案》影片中，都能听到"51号地区"这个字眼，但是你知道"51号地区"是个什么地方吗？你不知道，我也不知道。"51区"是地球上最神秘的地方之一，让我们一起去参观一下吧。

这是个 "梦境"

51区是美国内华达州南部林肯郡的一个区域，它的东南方距离拉斯维加斯市中心130千米。51区神秘莫测，有人认为它是美国用来进行秘密飞行器研发的地方，也有人说它和众多的不明飞行物阴谋论有关，但是究竟它是怎样一个地方，没人能说清楚，所以51区又被人称为"天堂牧场"、"梦境"。

51区有个"绿屋"

一直有这么个说法，"绿屋"就在51区军事基地内。听说每一个新上任的美国总统都会去参观"绿屋"，他们会在这里观看外星人的冰冻尸体。不过，"绿屋"内可能除了外星人的残骸，还有外星人乘坐的飞船碎片。但是究竟这些传闻是不是真的呢？没人知道。因为这个秘密基地从来不允许陌生人前来访问，即使是军人也不可以，这里被严格禁止泄露任何有关51区内的秘密。

51区有什么特别?

从表面来看，51区像是一个普通试验场，包括飞机机库、储存仓库和一条长长的跑道。但是仔细观察后就会发现，51区还有一些令人难以捉摸的内容。

它的第一个特别之处，是在它南部有一条长度长达7 000多米的跑道，跑道旁边有好几个飞机库，有几个还非常大，它们的顶部都是白色的；第二个引人注意的地方是一座空中交通管制天线。在天气晴朗的条件下，从两万米以外都可以看到这座天线。天线底座是长方形的，长约122米，天线本身就有46米高。

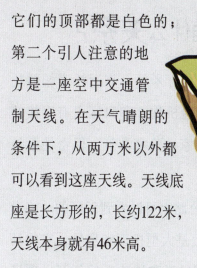

它是怎么保密的？

桑顿·巴恩斯是前51区特别项目工程师，他曾参与过美国第一架飞机X—15、"阿波罗"太空舱和登月试验机的研制工作。他说，几乎没有人知道51区工作人员的存在，他们通常在周一早上出门，直到周五晚上才回家，就连他们最亲近的家人都不知道他们去了什么地方。因为他们是受美国"中情局"委派的，他们知道国家安全重于一切，所以他们不可能告诉朋友，更不会告诉敌人。他们有义务做好51区的保密工作，有义务对秘密的军事项目负责。

52区和51区有什么关系?

52区位于51区西北约1万米处,靠近托诺帕的托诺帕靶场,是一个秘密试验机构,和51区没有直接的关系。52区由空军和桑迪亚国家试验室掌管,保密性不是太严。

从6号高速公路上可以看到52区的一些设施。正门的边上是大型机库和房屋,它的基地是用来测试导弹和战斗机的新开发项目的。在基地的西南部有个山谷,山谷中建有许多雷达和测试设施。从这里走出去

爸爸去哪里工作了呢?

的"F—117"隐形战斗机，在很早以前就向外展示过了，所以，比起51区，它并没有太多神秘之处，两者之间也并没有太多关联。

51区和UFO有关系吗？

有些人认为在美国新墨西哥州坠毁的UFO的残骸可能被运到51区了，51区很有可能建有一个地下基地。这些也只是人们的想象，没有人能说清楚51区是否与UFO活动有关。将UFO与51区联系在一起，只会使人们心中的51区更加神秘。

趣味问答

一本与外星人相处的日记

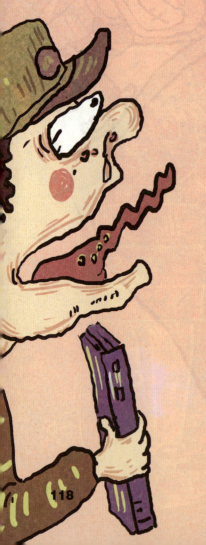

20世纪60年代，在铺设横穿西伯利亚的铁路时，有个工人挖出了一个破旧的咖啡馆，里面有一个笔记本，这不是一个普通的笔记本，它是参加1917年俄国革命的一个俄国士兵写的日记，里面记录着这个士兵与外星人相处的经过。日记本来就是私密的物件，要是再和外星人有关，谁都会瞪大眼睛想先睹为快的。别着急，下面就讲给你听……

外星人笑我们落后

1917年11月19日，士兵见到了外星人，他问外星人自己在森林中看到的闪光是怎么回事。外星人说，飞船就是靠这种闪光才可以在星际间远距离飞行的。外星人还说他们的星球很高兴与地球互相交流，也可以相互交换政治与文化等方面的情报。

当士兵看到外星人在用一种奇怪的东西记录他们谈话内容的时候，他就

问外星人电子管在哪儿，谁知外星人哈哈大笑，说地球人太落后了，看不懂他们的仪器。

他们可以死而复活

1917年11月24日，士兵和这个身穿银色服装，带着类似无线电装置的黄皮肤外星人成了很好的朋友。他接到中尉的命令，负责保护这个外

星人的安全。在战场上，当外星人看到一个人中弹后躺在地上时，却奇怪地问士兵，为什么这个人不起来继续作战？后来，士兵从外星人口中得知，原来外星人的脑袋里根本就没有死亡这个概念，他们在死后还可以复活。

外星人的国家

1917年11月28日，士兵在和外星人闲谈时，外星人说他所在的星球和地球大小差不多，但是比地球或类似地球的其他行星要古老。很久以前，那里也像现在的地球一样，有许多国家，后来所有国家就统一起来了，受一个政体的领导。他们星球的首都比莫斯科、纽约等大城市大很多，建筑物也比地球上的大，是用一种特殊物质建成的。但是究竟是什么特殊物质，他说向地球人说不清楚。

他们不怕冷也不怕饿

1917年11月29日，战场上已经很冷了，但是外星人却不怕冷。原来，他的那件银色服装可以御寒，那是一件比丝绸还薄的衣服，一点褶皱都没有，是用我们地球上从未有过的材料制成的。

前些天外星人还经常和士兵一起吃饭，可是这一天外星人却没吃。外星人说他不需要吃地球人所吃的这种食物，以前之所以一直同士兵一起吃饭，是因为士兵邀请他，他不想失礼。看来外星人还是很有礼貌的哦！

外星人走了

1917年12月2日，外星人已走了两天了。士兵从这些天和外星人的接触中可以了解到，外星人是善良的，是光明正大、爱好和平的，他们在技术、文化和道德上都比地球先进很多，否则他们完全可以凭借先进的技术将地球上的人类毁灭。

留给我们的无尽想象

　　日记到此结束了。写日记的士兵真的见到过外星人吗？他们真的在一起相处过吗？他们是如何交流的呢？难道外星人听得懂地球人的语言，或是他们有什么先进的设备，可以将地球人的语言和他们的语言相互转化？所有问题都是一个谜，至于谜底，我们只能去想象了。

外星人和地球人长得一样吗？

　　在好莱坞有关外星人的影片中，外星人和我们一样，有脸有嘴巴，有鼻子有眼睛。但是要是仔细推测的话，外星人的长相很可能和地球人大不相同。因为地球上的动物最早都起源于同一个祖先，可是外星人诞生于其他星球，而不是地球，所以他们的样子和地球人相似的可能性应该非常小。

神秘的 "天使头发"

近些年来，UFO经常光临我们的地球。它们到来时，常常发出稀奇古怪的光亮和可怕的声音，不过最近科学家们发现了一种更加奇特的现象，那就是当UFO来过之后，会有一些像蜘蛛网或者果冻一样的东西从天空中飘落，它有一个十分动听的名字——天使头发。这些东西到底是什么？它们真的是外星人留下的吗？接下来的内容就会揭晓答案。

谁先发现"天使头发"的?

1954年10月27日,意大利的两名男子正站在阳台上,突然看到天空中飞过两个闪亮的"纺锤"状物体,速度极快,迅速地飞向了佛罗伦萨市方向。当这两个"纺锤"状物体走后,太空中就留下了白炽色的轨迹。

就在当天下午,佛罗伦萨市也闹得沸沸扬扬。正当下午踢足球比赛时,现场的1万名观众却突然惊叫起来,原来天空中有两个不明飞行物,就在14时20分至14时29分短短9分钟内,这两

125

个不明飞行物竟然3次飞过佛罗伦萨市。当它们飞走后，大量的像蜘蛛丝一样的白色线团就飘落在露天运动场，但是没多久便消失了。

千万不要用手碰它

当白色丝状物飘落下来的时候，有人用手去接，试图看看这到底是什么东西，但是手刚一碰到它，它就立刻消失了。在场的一位目击者就用试管收集到了这种物质，然后将试管密封保存了起来。随后，他把收集物交给佛罗伦萨大学的科兹教授，教授在对收集物进行研究分析后，说这种物质不能处于加热状态，否则就会在瞬间蒸发，留下透明沉淀物逐渐融化。所以用手一触摸，它便会瞬间消失。

"天使头发"到底是什么东西?

科兹教授说，这个白色丝状物是一种纤维物质，它不仅抗拉伸，而且也抗扭曲，经过对其沉淀物的检测发现，这些沉淀物包含硼、硅和镁等化学成分，也就是说，这种物质很像是硼硅玻璃丝。

美国UFO的研究学家有的说"天使头发"可能是UFO释放出的额外物化能量，也有的说这种物质是一种多变性的胶化层。物理学家L.V.基瑞彻科则推断这是一种优良的纤维物质，其中多数纤维的直径小于0.1微米，这么多纤维缠在一起就形成了直径为20微米的丝状物。他还强调指出，这不像是天然形成的，它是一种我们从未接触过的特殊物质。

"天使头发" 又出现了

　　1998年，菲尔德夫人和儿媳在北威尔士又见到了神秘的蜘蛛丝状物。她们还说在丝状物出现之前，空中曾出现过大约20多个银白色的球状飞行物。1978年2月10日，在新西兰邻近菲律宾的萨马岛地区，有人看到空中飘着大量的黏性纤维物质，看上去比蜘蛛网质地优良，而且持续了近两个小时。

趣味问答

究竟什么叫"天使头发"？

天使头发是一种罕见的现象。它是一种柔软光滑的白色丝状物，一般出现在发现UFO现场之后。它从空中飘落到地面上，但是当它接触地面时，便会瞬间蒸发消失。出现天使头发最普遍的地区是北美洲、新西兰、澳大利亚和欧洲西部。至于它是如何形成的，以及它是由什么构成的，目前连科学家也都无法解释。

说到古埃及的金字塔和狮身人面像，大家几乎都知道，它们因巨大而诡异被人们深深印在了心中。其实世界上还有这么一个令人琢磨不透的地方，它也有许多巨大的石像，对于它，人们也是一头雾水，这些巨像是如何建造的？建造这么多巨像又是出于什么目的？没有人能给出具体答案。说到这里，你一定迫不及待地想了解一下这些巨大的石像了吧？那就随我去看看吧……

巨大的石像在哪儿？

在太平洋东部智利的波利尼西亚最东边的复活节岛上，矗立着成百上千尊巨人石像，有的还"戴着红红的帽子"。这些石像一般都有30至90吨那么重，石像中最矮的有3米多高，最高的高达12米。这些石像均由整块的暗红色火成岩雕凿而成。石像的造型非常奇特，雕琢技艺也十分高超，所有的石像都面朝大海，远远望去，好像是一列准备出征打仗的战士，场面十分壮观。

巨像都长什么样子？

这些巨像都特别奇怪。所有的石像外形差不多，都没有腿，全部是半身像。它们长得跟外星人似的，面部表情十分丰富。额头是长长的，鼻梁高高地挺着，眼窝深陷。它们的眼睛是用发亮的黑曜石或者是贝壳镶嵌上去的，格外传神，好像你不管走

到哪儿，它们都在盯着你看一样，好吓人！石像个个都有一对大耳朵，耳垂长得都垂到了肩膀上。它们的胳膊都服服帖帖地贴在胸前，好像很听话的样子，但是它们的表情看上去又特别地冷漠，神态又很威严，让人看着心里不免有些害怕。真搞不懂它们是好人还是坏人。

怎么发现它们的？

1722年荷兰的一个探险家在南太平洋上航行，突然发现了一块陆地，他登陆后才发现这是个海岛，岛上还有许许多多巨大的石像。因为这天正好是复活节，所以他就将这个小岛命名为复活节岛。1888年，智利政府派人接管了这个岛，巧的是，这天又正好是复活节。

红红的★帽子

在这么多的石像中，有几十座石像的头上有一大块红石头，就好像石像戴着一顶红帽子一样，有的红帽子达到10吨重。戴着这些"红帽子"有什么特殊的意义吗？"红帽子"又是从何而来的呢？

考古学家对智利复活节岛石像周围的环境进行考察后，在复活节岛的东南部发现了一个采石场，他们认为所有的石像都是在采石场雕刻好的，"红帽子"也不例外。人们用手或者滚木，通过专门的道路把"红帽子"滚到海滩上的祭祀场所，然后再放到3层楼高的石像上。而有些人则怀疑"红帽子"是外星人给巨像戴上的。

怎么运到海边的

在采石场，还有300尊没有雕完的石像，最高的一尊高22米，重约400吨，而普通的雕像也有近100吨。这么大这么重的石像在那时是怎么运到海边的呢？单靠人力和简单的工具是运不走的。有人说，石像具有神的力量，造好之后自己会跑到海边；也有人说，石像是靠火山喷发的力量到海边的；也有人认为这是外星人的太空船运走这些石像的……关于石像搬运之谜，真可谓众说纷纭。

趣味问答

石像到底有多重？

　　有人在经过研究分析之后，说复活节岛上的石像没有人们说的那么重。

　　用来雕刻石像的材料不是人们所说的玄武岩，而是凝灰岩和层凝灰岩，有的可能是浮石，凝灰岩的密度都很小，大约是每立方厘米1.5克，浮石更轻，它干燥后还会浮在水上呢。所以这些石像最重的也超不过10吨，大部分的雕像也就在5吨左右，至于那些"红帽子"最多也就5吨左右。在不久前，有人就曾用一辆15吨的吊车将最重的石像吊起来了。

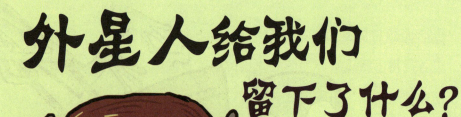

外星人给我们留下了什么？

近来一个世纪，UFO光临地球的事件频繁出现，在它们消失后，除了留下奇怪的"天使头发"之外，还有没有别的什么神秘之物呢？比如，有没有什么奇特的景观？或者有没有留下外星人呢？告诉你，还真有！一起去看看……

新疆的陨石

考古工作者曾在中国新疆北部清河县西北的一个山沟中，发现了散落面积有数平方千米的陨石群。陨石分为石陨石、铁陨石、石铁陨石3种，而清河县发现的陨石多是铁陨石，是陨石中极为少见的品种。

考古学家推测，历史上清河县曾发生过陨石雨大坠落，陨石的散落面积、规模和数量，都称得上是世界之最。根据陨石的密度和体积，初步推测清河县有些陨石的重量足有100吨以上。

外星人留在新疆的文物

在清河县除了发现有众多的陨石之外，还有许多以陨石为载体的文物，包括用陨石雕凿的圆球状石人，以及刻在陨石上的牛、羊、骆驼等岩画。

陨石岩画中有一幅独目人图案很引人注目，它的比例远远大于周围的动物图案。独目人头部呈圆形，中间画有一只眼睛，两手成环状放于胸前，胸以下左右被两道圆弧包裹着，双脚完全暴露在外。

从人物外形上看，他们好像在快乐地舞蹈，整个画面看起来好奇怪，让人充满想象。

令人惊奇的是，清河县发现的独目人岩画与内蒙古阴山岩画、宁夏贺兰山岩画、加拿大安大略湖皮托波洛岩刻、北撒哈拉岩画，还有埃及德耶德支柱上的独目人图案几乎一模一样。

独目人是什么人？

在希腊和古罗马神话中，独目人是一个额头上有一只眼睛的神灵。也有记载说独目人就是长着一只眼睛的阿里马斯普人，在很久以前曾居住在阿尔泰山地区。

在日本曾发现有古代立体独目人雕塑，他身穿一件宇航服，头盔处的一个观察洞就好像长在前额的一只眼睛，和现代宇航员的特征十分相近。可是2 000年前是多么落后的年代啊，谁会构思出极具现代意味的宇航服和头盔呢？难道是"超文明使者"曾造访过我们的祖先？

　　1973年10月的一个夜晚，在法国马尔蒙地区，一对青年男女曾看到过一个高个子，长有一只圆洞状发光眼睛的智慧生物。之前，也有很多独目人的目击证据。许多人都愿意相信独目人是外星人的杰作，科学界也在享受着探索宇宙秘密的快乐。

外星人的弃婴

1983年7月14日晚8点左右，一个火红的飞碟状的发光体在吉尔吉斯斯坦上空爆炸。军警对边界进行了严密监视，后来找到了一堆仍然烫手的黑色灰烬。第二天，人们又发现了一个椭圆形金属物体。它有一个反推力制动装置，它上部有一扇紧闭的门。打开门后发现，里面竟有一个男婴，他长得很像地球人。他的呼吸很慢，好像在睡觉。

后来，军警就用直升机把他运到了研究所。经确认，他的确是个外星婴儿，是一架出事的宇宙飞船在危急时刻射放在空间的。那个球体十分平稳地着陆了，在里面的孩子没有受伤，可见外星人的技术有多么先进。男婴后来在阿拉木图儿童医院生活了11周零4天，最后因严重感染于10月3日死去。

外星弃婴是怎么生活的？

外星弃婴没有头发、眉毛和睫毛，也没有眼皮，但是却有一双很亮的紫色眼睛。他的手指和脚趾间有蹼，说明他曾在水里生活过。他的肌体结构和地球人一样，只是心脏特别大，脉搏较慢，每分钟60次。他可以很长时间不吃东西，特别听话，不哭不闹，但也不笑，胳膊和腿脚也不动。他睡觉时不闭眼睛，只有摸他的脉和听他的呼吸，才知道他已睡着。他没有牙齿，但是很喜欢喝我们地球上的米粥，给他吃菠菜，他尝了一口，立即吐掉了。

趣味问答

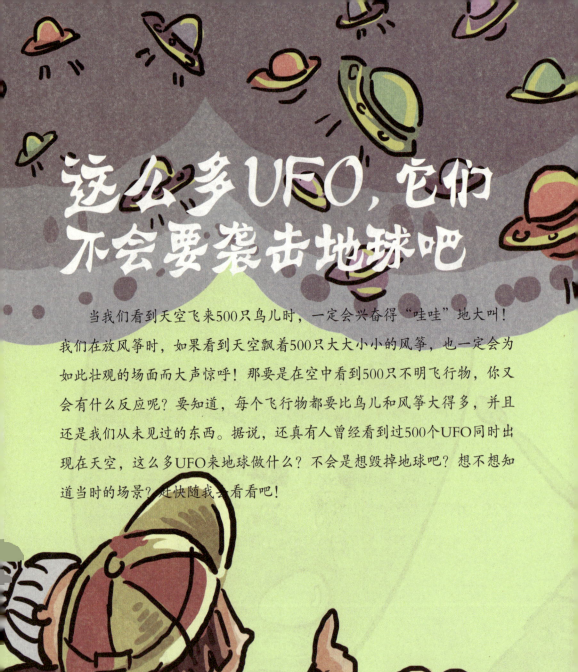

这么多UFO，它们不会要袭击地球吧

当我们看到天空飞来500只鸟儿时，一定会兴奋得"哇哇"地大叫！我们在放风筝时，如果看到天空飘着500只大大小小的风筝，也一定会为如此壮观的场面而大声惊呼！那要是在空中看到500只不明飞行物，你又会有什么反应呢？要知道，每个飞行物都要比鸟儿和风筝大得多，并且还是我们从未见过的东西。据说，还真有人曾经看到过500个UFO同时出现在天空，这么多UFO来地球做什么？不会是想毁掉地球吧？想不想知道当时的场景？赶快随我去看看吧！

哇！500只UFO！

　　1978年3月17日，在澳大利亚的墨尔本城出现了一桩怪事，全城人都惊呆了。

　　当天晚上，晴朗的夜空中突然出现了一大群碟子一样的东西，它们一动不动地悬在空中，还发着非常奇特的光芒。人们一下子被这突如其来、从未见过的UFO景象吓呆了，全城有5 000多人都站在街头，注视着空中的不明飞行物。整个城市沸腾了，喧闹一片，妇女在默默祈祷，孩子则被吓得哇哇大哭，人们感觉不幸就要降临了。墨尔本城的市长格劳也十分关注此事，他仰望着天空，大声地数着那些碟状物，哇！居然有500只之多。

它们来自外星球吗？

空军的雷达也检测到了空中的UFO，雷达屏幕上显示着碟状物在飞快地转着圈儿，竟然飞了3个多小时。在库克海峡上空，有十几个不明飞行物从屏幕上一闪而过，雷达监测人员说，它们和飞机的飞行方式有很大不同。

当时，澳大利亚墨尔本零频道的记者也发现了这些飞行物，当他们发现之后，便立即登上了一架喷气式飞机，其中一位记者是这样描述的："在我们前方50千米左右，发现了一串光芒四射，并且还有些刺眼的白色火球，它的底部喷射着十分明亮的光，周围包裹着几条橘黄色的光环。"一名职业摄影师迅速将这一群不明飞行物体拍摄了下来。

专家们在对这些画面分析后，推测说这些碟状物很可能来自于外星球，很有可能是外星人的太空飞船。

碟状物是怎么飞行的?

在碟状物飞行的过程中，有人注意到，这些碟状物好像是被什么力量操控着一样，它们在以一种特有的方式移动着，可以肯定的是，操控它们的不是地球人。还有一点令人惊奇，它们的加速度惊人，远远大于普通飞机。当飞机进一步靠近这些碟状物后，它们却一会儿飞到飞机上面，一会儿又飞到飞机下面，最后以惊人的速度飞走了。

143

后来，这个电视小组将这些影片剪辑成纪录片，卖给了许多国家，并且还在电视台的新闻节目中播放了，这也是人类第一次获得的，由职业摄影师拍到的来自不同星球的太空飞行器的照片。

UFO喜欢出来吓唬人吗？

1961年10月6日，委内瑞拉的圣丽塔一下子被照亮了，原来是一艘巨大的宇宙飞船飞到了圣丽塔的上空，它发出了耀眼的光芒。全市居民几乎都看到了这一骇人景象，以致有些渔民吓得四处乱逃，结果落入水中而丧命。之后，这个飞行物又朝马拉开波湖方向飞去。1980年6月14日午夜时分，一个橘红色的物体突然出现在苏联加里宁市，之后又往南飞向了梁赞，然后又出现在了高尔基市，最后消失在鞑靼草原。它整个的飞行距离长达900千米，至少有上千人看到了它。看到它的人都说，它很像一个长着一条光亮尾巴的月亮。